U0191783

天博周历

二〇二一年

◎天津博物馆 编

天津出版传媒集团
天津人民美術出版社

图书在版编目（CIP）数据

天博周历：2021年 / 天津博物馆编. -- 天津：天津人民美术出版社，2020.10
ISBN 978-7-5305-9699-9

Ⅰ. ①天… Ⅱ. ①天… Ⅲ. ①历书—中国—2021 ②中国画—作品集—中国—现代 Ⅳ. ①P195.21 ②J222.7

中国版本图书馆CIP数据核字(2020)第195311号

主　　编：张　玲
执行主编：赵　娜
撰　　稿：韩小赫
策　　划：于　悦
　　　　　邢　晋
摄　　影：靳　挺

天博周历　2021年

TIANBO ZHOULI 2021 NIAN

出 版 人：杨惠东
责任编辑：田殿卿
技术编辑：何国起
出版发行：天津人民美術出版社
地　　址：天津市和平区马场道150号
邮　　编：300050
电　　话：(022) 58352900
网　　址：http://www.tjrm.cn
经　　销：全国新華書店
制版印刷：天津市豪迈印务有限公司
开　　本：880mm×1230mm　1/32
印　　张：7.625
版　　次：2020年10月第1版
印　　次：2020年10月第1次印刷
印　　数：1—3000册
定　　价：65.00元

编纂说明

《天博周历2021年》选取天津博物馆藏反映革命历史和新中国建设发展的经典绘画藏品，每周一幅，共计53幅。艺术家们用传统技法描绘新题材，歌颂伟大祖国，赞美大好河山，为人民写照，为时代写照。作品丰富体现了传统绘画的艺术表现力和感染力，回应了人民群众的艺术审美与需求，具有鲜明的时代特色。周历融绘画鉴赏与手账特色于一体，以飨读者。

主席走遍全國
李琦畫

28 星期一 庚子年·十一月十四

29 星期二 庚子年·十一月十五

30 星期三 庚子年·十一月十六

31 星期四 庚子年·十一月十七

01 星期五·元旦 庚子年·十一月十八

02 星期六 庚子年·十一月十九

03 星期日 庚子年·十一月二十

主席走遍全国　李琦

李琦（1928—2009），山西平遥人。1937 年到延安，从事剧团工作。1950 年起在中央美术学院任教，曾任中央美院国画系负责人。创作以国画、年画、连环画为主，尤擅肖像画。

始 Start	终 End	待办事项 To do list		
/	/			
/	/			
/	/			
/	/			
/	/			
/	/			
/	/			
/	/			
/	/			
/	/			
/	/			
/	/			
/	/			
/	/			
/	/			
/	/			
/	/			
/	/			
/	/			
/	/			
/	/			
/	/			
/	/			

一九二五年
毛泽东同志在
廣州主编
政治週報
痛击国民党右派
的进攻

04 星期一 庚子年·十一月廿一

05 星期二·小寒 庚子年·十一月廿二

06 星期三 庚子年·十一月廿三

07 星期四 庚子年·十一月廿四

08 星期五 庚子年·十一月廿五

09 星期六 庚子年·十一月廿六

10 星期日 庚子年·十一月廿七

激扬文字　欧洋、杨之光

欧洋，1937 年生，江西人，1960 年毕业于广州美术学院并留校任教。擅长油画、水墨画。

杨之光（1930—2016），又名焘甫，广东人，曾任广州美院教授、副院长。擅长人物肖像画和舞蹈人物画。

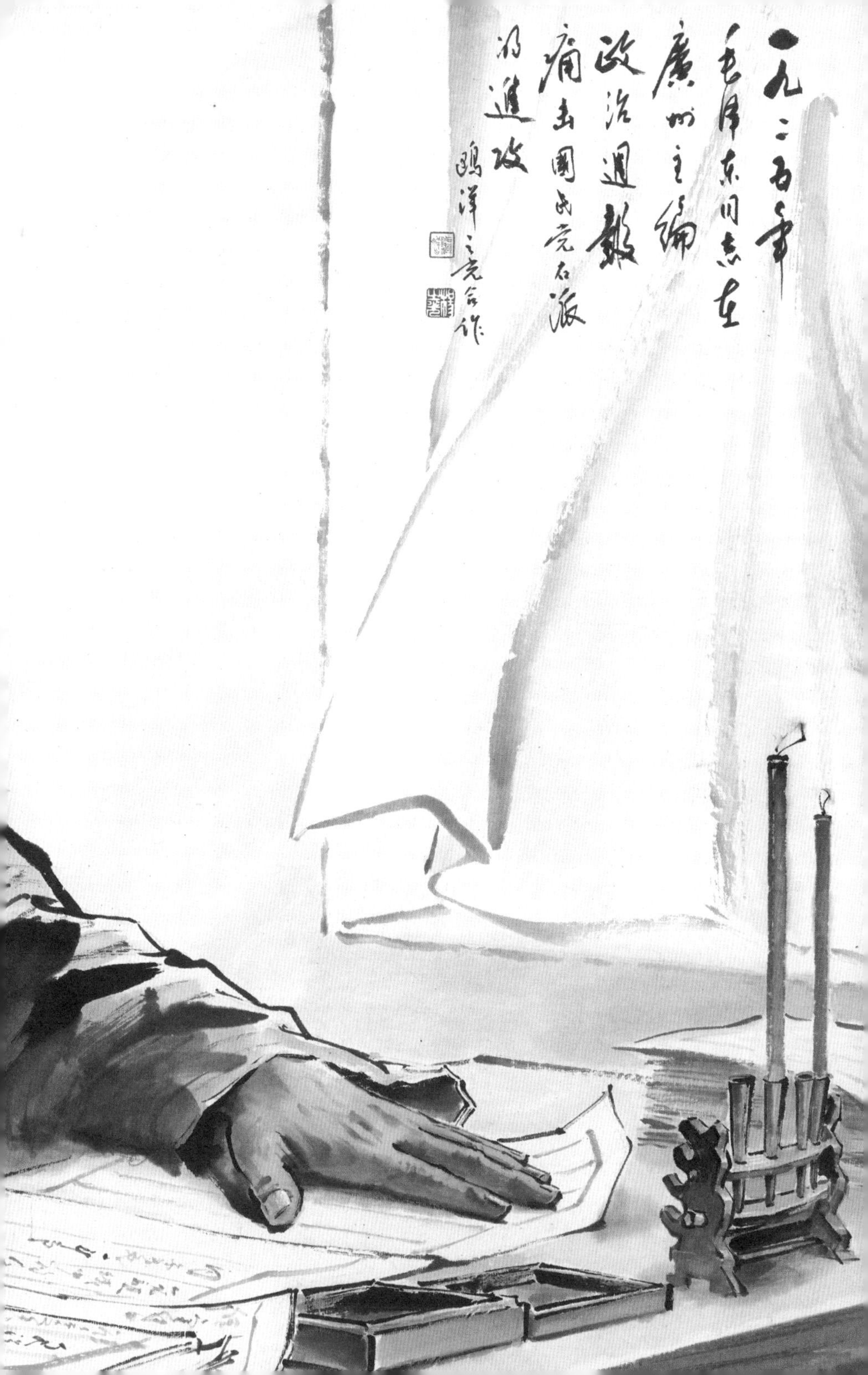
一九二五年
毛泽东同志在
廣州主编
政治週報
痛击國民党右派
的進攻
鸥洋之亮合作

始 Start	终 End	待办事项 To do list		√
/	/		☐	
/	/		☐	
/	/		☐	
/	/		☐	
/	/		☐	
/	/		☐	
/	/		☐	
/	/		☐	
/	/		☐	
/	/		☐	
/	/		☐	
/	/		☐	
/	/		☐	
/	/		☐	
/	/		☐	
/	/		☐	
/	/		☐	
/	/		☐	
/	/		☐	
/	/		☐	
/	/		☐	
/	/		☐	
/	/		☐	

清洁工人的懷念
在这夜深人静的街头，谁想到总理握着俺这拿笤把的手，"同志，你辛苦了，人民感谢你。"说得俺心中暖，热泪流。总理啊，有多少个这样夜深的时候，您操劳国事最辛苦，您挂念着人民的喜和忧。总理啊，谁说您已去，您没有走，人民的总理与日月同光辉，人民的怀念与天地共长久。
一九七七年一月

11 星期一 庚子年·十一月廿八

12 星期二 庚子年·十一月廿九

13 星期三 庚子年·十二月初一

14 星期四 庚子年·十二月初二

15 星期五 庚子年·十二月初三

16 星期六 庚子年·十二月初四

17 星期日 庚子年·十二月初五

清洁工人的怀念　卢沉、周思聪

卢沉（1935—2004），江苏人，中央美术学院教授。擅长水墨人物画。

周思聪（1939—1996），天津人，曾任中国美术家协会副主席。擅长人物画，晚年以画荷为主。

始 Start	终 End	待办事项 To do list		√
/	/		□	
/	/		□	
/	/		□	
/	/		□	
/	/		□	
/	/		□	
/	/		□	
/	/		□	
/	/		□	
/	/		□	
/	/		□	
/	/		□	
/	/		□	
/	/		□	
/	/		□	
/	/		□	
/	/		□	
/	/		□	
/	/		□	
/	/		□	
/	/		□	
/	/		□	
/	/		□	

張思德同志
一九七七年春

18 星期一 庚子年·十二月初六

19 星期二 庚子年·十二月初七

20 星期三·大寒 庚子年·十二月初八

21 星期四 庚子年·十二月初九

22 星期五 庚子年·十二月初十

23 星期六 庚子年·十二月十一

24 星期日 庚子年·十二月十二

张思德同志　杜滋龄

杜滋龄，1941 年生，天津人，中国美术家协会会员，曾任天津美术家协会副主席、天津人民美术出版社总编辑、南开大学东方艺术系主任。擅长人物画，兼绘山水、花鸟。

始 Start	终 End	待办事项 To do list	√
/	/		
/	/		
/	/		
/	/		
/	/		
/	/		
/	/		
/	/		
/	/		
/	/		
/	/		
/	/		
/	/		
/	/		
/	/		
/	/		
/	/		
/	/		
/	/		
/	/		
/	/		
/	/		
/	/		

高原之春
一九八一年元月

25 星期一 庚子年·十二月十三

26 星期二 庚子年·十二月十四

27 星期三 庚子年·十二月十五

28 星期四 庚子年·十二月十六

29 星期五 庚子年·十二月十七

30 星期六 庚子年·十二月十八

31 星期日 庚子年·十二月十九

高原之春　赵望云

赵望云（1906—1977），原名赵新国，河北人，长安画派创始人之一。曾任中国美术家协会常务理事、陕西省美术家协会主席。擅长山水、人物，尤长于描绘陕北的风土人情及各民族人民的劳动生活。

始 Start	终 End	待办事项 To do list		√
/	/		☐	
/	/		☐	
/	/		☐	
/	/		☐	
/	/		☐	
/	/		☐	
/	/		☐	
/	/		☐	
/	/		☐	
/	/		☐	
/	/		☐	
/	/		☐	
/	/		☐	
/	/		☐	
/	/		☐	
/	/		☐	
/	/		☐	
/	/		☐	
/	/		☐	
/	/		☐	
/	/		☐	
/	/		☐	
/	/		☐	

山茶爛漫

2021 年　二月 February

第 6 周

Week 6

01	星期一	庚子年·十二月二十
02	星期二	庚子年·十二月廿一
03	星期三·立春	庚子年·十二月廿二
04	星期四	庚子年·十二月廿三
05	星期五	庚子年·十二月廿四
06	星期六	庚子年·十二月廿五
07	星期日	庚子年·十二月廿六

山花烂漫　孙其峰、霍春阳

孙其峰，1920 年生，山东招远人，天津美术学院终身教授，中国画研究院院部委员，中国美术家协会理事，中国书法家协会理事，西泠印社理事，曾任天津美术学院副院长。

霍春阳，1946 年生，曾任天津美术学院中国画系主任、天津美术学院美术馆馆长、天津美术家协会副主席。

始 Start　终 End　待办事项　To do list

山村雪霽後萬象又一新
軍屬真榮耀同來賀新春
公元一九五二年 劉子久畫

08 星期一 庚子年·十二月廿七

09 星期二 庚子年·十二月廿八

10 星期三 庚子年·十二月廿九

11 星期四·除夕 庚子年·十二月三十

12 星期五·春节 辛丑年·正月初一

13 星期六 辛丑年·正月初二

14 星期日 辛丑年·正月初三

给军属拜年　刘子久

刘子久（1891—1975），名光城，号饮湖，天津人，早年在中国画学研究会随金城学习山水、花鸟，与刘奎龄并称“天津二刘”。曾任天津市美术馆馆长、天津美术家协会主席、中国美术家协会理事，是天津美术事业及博物馆事业的奠基人，带头推动新山水画变革，是新中国新山水画的开拓者，影响深远。

始 Start	终 End	待办事项 To do list		√
/	/		□	
/	/		□	
/	/		□	
/	/		□	
/	/		□	
/	/		□	
/	/		□	
/	/		□	
/	/		□	
/	/		□	
/	/		□	
/	/		□	
/	/		□	
/	/		□	
/	/		□	
/	/		□	
/	/		□	
/	/		□	
/	/		□	
/	/		□	
/	/		□	
/	/		□	
/	/		□	

紅軍橋於江西興國縣

一九六五年[illegible]寫於旅次

2021 年　二月 February
第 8 周
Week 8

15 星期一 辛丑年·正月初四

16 星期二 辛丑年·正月初五

17 星期三 辛丑年·正月初六

18 星期四·雨水 辛丑年·正月初七

19 星期五 辛丑年·正月初八

20 星期六 辛丑年·正月初九

21 星期日 辛丑年·正月初十

红军桥　黎雄才

黎雄才（1910—2001），广东人，师从高剑父，后留学日本。曾任广州美术学院副院长、广东省美术家协会副主席。擅长山水画，尤擅巨幅山水，是当代岭南画派的代表性画家。

始 Start	终 End	待办事项 To do list	√
/	/		
/	/		
/	/		
/	/		
/	/		
/	/		
/	/		
/	/		
/	/		
/	/		
/	/		
/	/		
/	/		
/	/		
/	/		
/	/		
/	/		
/	/		
/	/		
/	/		
/	/		
/	/		
/	/		

22 星期一 辛丑年·正月十一

23 星期二 辛丑年·正月十二

24 星期三 辛丑年·正月十三

25 星期四 辛丑年·正月十四

26 星期五·元宵节 辛丑年·正月十五

27 星期六 辛丑年·正月十六

28 星期日 辛丑年·正月十七

一年之计　石齐

石齐，1939 年生，福建人，中国美术家协会会员，北京美术家协会理事，北京画院一级画家。擅长中国画。

始 Start	终 End	待办事项 To do list		√
/	/		☐	
/	/		☐	
/	/		☐	
/	/		☐	
/	/		☐	
/	/		☐	
/	/		☐	
/	/		☐	
/	/		☐	
/	/		☐	
/	/		☐	
/	/		☐	
/	/		☐	
/	/		☐	
/	/		☐	
/	/		☐	
/	/		☐	
/	/		☐	
/	/		☐	
/	/		☐	
/	/		☐	
/	/		☐	
/	/		☐	

處處是榜樣
周付主席在長征路上

01 星期一 辛丑年·正月十八

02 星期二 辛丑年·正月十九

03 星期三 辛丑年·正月二十

04 星期四 辛丑年·正月廿一

05 星期五·惊蛰 辛丑年·正月廿二

06 星期六 辛丑年·正月廿三

07 星期日 辛丑年·正月廿四

处处是榜样　肖玉磊

肖玉磊（1937—2018），又名萧谦，安徽人，国家一级美术师，中国美术家协会会员。擅长人物画，兼工连环画。

始 Start	终 End	待办事项 To do list	√
/	/		
/	/		
/	/		
/	/		
/	/		
/	/		
/	/		
/	/		
/	/		
/	/		
/	/		
/	/		
/	/		
/	/		
/	/		
/	/		
/	/		
/	/		
/	/		
/	/		
/	/		
/	/		
/	/		

人民公社好
女社員 一九六五年三月 吳玉梅 陸一飛 合作

08 星期一 · 妇女节 辛丑年 · 正月廿五

09 星期二 辛丑年 · 正月廿六

10 星期三 辛丑年 · 正月廿七

11 星期四 辛丑年 · 正月廿八

12 星期五 · 植树节 辛丑年 · 正月廿九

13 星期六 辛丑年 · 二月初一

14 星期日 辛丑年 · 二月初二

女社员　吴玉梅、陆一飞

吴玉梅，1940年生，上海人，师从唐云。上海中国画院一级美术师，中国美术家协会会员。擅长人物、花鸟。

陆一飞（1931—2005），浙江人，师从吴湖帆、陆俨少，曾任上海中国画院一级美术师、中国美术家协会会员。擅长山水、人物。

人民公社好

始 Start	终 End	待办事项　To do list	√
/	/		
/	/		
/	/		
/	/		
/	/		
/	/		
/	/		
/	/		
/	/		
/	/		
/	/		
/	/		
/	/		
/	/		
/	/		
/	/		
/	/		
/	/		
/	/		
/	/		
/	/		
/	/		
/	/		

溪边
一九八五年春

15 星期一 辛丑年·二月初三

16 星期二 辛丑年·二月初四

17 星期三 辛丑年·二月初五

18 星期四 辛丑年·二月初六

19 星期五 辛丑年·二月初七

20 星期六·春分 辛丑年·二月初八

21 星期日 辛丑年·二月初九

溪边　宋吟可

宋吟可（1902—1999），原名荫科。曾任中国美协第二、三届理事，中国文联委员，贵州省文联副主席，美协贵州分会主席，贵州省国画院院长。

始 Start	终 End	待办事项 To do list	√
/	/	□	
/	/	□	
/	/	□	
/	/	□	
/	/	□	
/	/	□	
/	/	□	
/	/	□	
/	/	□	
/	/	□	
/	/	□	
/	/	□	
/	/	□	
/	/	□	
/	/	□	
/	/	□	
/	/	□	
/	/	□	
/	/	□	
/	/	□	
/	/	□	
/	/	□	
/	/	□	

黃浦江邊新氣象
寫江濱木材倉庫一角貢獻
天津市艺术博物館 一九五八年
十一月五日上海朱屺瞻

22 星期一 辛丑年·二月初十

23 星期二 辛丑年·二月十一

24 星期三 辛丑年·二月十二

25 星期四 辛丑年·二月十三

26 星期五 辛丑年·二月十四

27 星期六 辛丑年·二月十五

28 星期日 辛丑年·二月十六

黄浦江边新气象　朱屺瞻

朱屺瞻（1891—1996），字起哉，江苏太仓人。精通东西方艺术，在油画和中国画上都有很高的造诣，其作品不但继承了传统，更融合西法，具有鲜明的个人特色。

始 Start	终 End	待办事项　To do list	√
/	/		
/	/		
/	/		
/	/		
/	/		
/	/		
/	/		
/	/		
/	/		
/	/		
/	/		
/	/		
/	/		
/	/		
/	/		
/	/		
/	/		
/	/		
/	/		
/	/		
/	/		
/	/		
/	/		

颯爽英姿五尺槍曙光初照演兵場中華女兒多奇志不愛紅裝愛武裝

29 星期一 辛丑年·二月十七

30 星期二 辛丑年·二月十八

31 星期三 辛丑年·二月十九

四月

01 星期四 辛丑年·二月二十

02 星期五 辛丑年·二月廿一

03 星期六 辛丑年·二月廿二

04 星期日·清明 辛丑年·二月廿三

飒爽英姿五尺枪　魏紫熙

魏紫熙（1915—2002），原名显文，河南人，曾任江苏国画院画师、中国美术家协会理事，是新金陵画派的代表画家之一。

始 Start	终 End	待办事项 To do list	√
/	/		
/	/		
/	/		
/	/		
/	/		
/	/		
/	/		
/	/		
/	/		
/	/		
/	/		
/	/		
/	/		
/	/		
/	/		
/	/		
/	/		
/	/		
/	/		
/	/		
/	/		
/	/		
/	/		

春風楊柳萬千條
一九六四年寫主席送瘟神詩句於北京 陶一清

05 星期一 辛丑年·二月廿四

06 星期二 辛丑年·二月廿五

07 星期三 辛丑年·二月廿六

08 星期四 辛丑年·二月廿七

09 星期五 辛丑年·二月廿八

10 星期六 辛丑年·二月廿九

11 星期日 辛丑年·二月三十

毛主席《七律·送瘟神》诗意图　　陶一清

陶一清（1914—1986），上海人，曾任中国画研究会副会长、中国美术家协会会员。擅长山水画。

始 Start	终 End	待办事项　To do list		√
/	/		□	
/	/		□	
/	/		□	
/	/		□	
/	/		□	
/	/		□	
/	/		□	
/	/		□	
/	/		□	
/	/		□	
/	/		□	
/	/		□	
/	/		□	
/	/		□	
/	/		□	
/	/		□	
/	/		□	
/	/		□	
/	/		□	
/	/		□	
/	/		□	
/	/		□	
/	/		□	

矿山新兵

12 星期一 辛丑年·三月初一

13 星期二 辛丑年·三月初二

14 星期三 辛丑年·三月初三

15 星期四 辛丑年·三月初四

16 星期五 辛丑年·三月初五

17 星期六 辛丑年·三月初六

18 星期日 辛丑年·三月初七

矿山新兵　杨之光

始 Start　终 End　待办事项　To do list

鍾山風雨起蒼黃百萬雄師過
大江虎踞龍盤今勝昔天翻地
覆慨而慷宜將剩勇追窮寇
不可沽名學霸王天若有情天亦
老人間正道是滄桑
寫毛主席人民解放軍佔領南京詩意

19 星期一 辛丑年·三月初八

20 星期二·谷雨 辛丑年·三月初九

21 星期三 辛丑年·三月初十

22 星期四 辛丑年·三月十一

23 星期五 辛丑年·三月十二

24 星期六 辛丑年·三月十三

25 星期日 辛丑年·三月十四

毛主席《人民解放军占领南京》诗意图　李可染

李可染（1907—1989），江苏人，齐白石弟子，曾任中国美术家协会副主席、中国画研究院院长。擅长画山水、人物，尤擅画牛。

始 Start	终 End	待办事项　To do list		√
/	/		☐	
/	/		☐	
/	/		☐	
/	/		☐	
/	/		☐	
/	/		☐	
/	/		☐	
/	/		☐	
/	/		☐	
/	/		☐	
/	/		☐	
/	/		☐	
/	/		☐	
/	/		☐	
/	/		☐	
/	/		☐	
/	/		☐	
/	/		☐	
/	/		☐	
/	/		☐	
/	/		☐	
/	/		☐	
/	/		☐	

新手

26 星期一 辛丑年·三月十五

27 星期二 辛丑年·三月十六

28 星期三 辛丑年·三月十七

29 星期四 辛丑年·三月十八

30 星期五 辛丑年·三月十九

五月

01 星期六·劳动节 辛丑年·三月二十

02 星期日 辛丑年·三月廿一

新手 杜滋龄、王树仁

始 Start	终 End	待办事项 To do list		V
/	/		☐	
/	/		☐	
/	/		☐	
/	/		☐	
/	/		☐	
/	/		☐	
/	/		☐	
/	/		☐	
/	/		☐	
/	/		☐	
/	/		☐	
/	/		☐	
/	/		☐	
/	/		☐	
/	/		☐	
/	/		☐	
/	/		☐	
/	/		☐	
/	/		☐	
/	/		☐	
/	/		☐	
/	/		☐	
/	/		☐	

井岡杜鵑红似火
夏月重画於春城
晋文题

03 星期一 辛丑年·三月廿二

04 星期二·青年节 辛丑年·三月廿三

05 星期三·立夏 辛丑年·三月廿四

06 星期四 辛丑年·三月廿五

07 星期五 辛丑年·三月廿六

08 星期六 辛丑年·三月廿七

09 星期日·母亲节 辛丑年·三月廿八

井冈杜鹃红似火　王晋元

王晋元（1939—2001），生于河北乐亭，国家一级美术师。曾任云南省美术家协会主席、文学艺术界联合会副主席、云南画院院长、中国美术家协会理事兼中国画艺委会委员、中国画研究院院务委员。

始 Start	终 End	待办事项 To do list	√
/	/	☐	
/	/	☐	
/	/	☐	
/	/	☐	
/	/	☐	
/	/	☐	
/	/	☐	
/	/	☐	
/	/	☐	
/	/	☐	
/	/	☐	
/	/	☐	
/	/	☐	
/	/	☐	
/	/	☐	
/	/	☐	
/	/	☐	
/	/	☐	
/	/	☐	
/	/	☐	
/	/	☐	
/	/	☐	
/	/	☐	

渠道弯弯绕云间 层层梯田攀高山

10 星期一 辛丑年·三月廿九

11 星期二 辛丑年·三月三十

12 星期三 辛丑年·四月初一

13 星期四 辛丑年·四月初二

14 星期五 辛丑年·四月初三

15 星期六 辛丑年·四月初四

16 星期日 辛丑年·四月初五

红旗渠 李颖

李颖（1934—2004），别名李彬三，河北人，中国美术家协会会员，北京画院专业画家。擅长中国画。

始 Start	终 End	待办事项 To do list		√
/	/		☐	
/	/		☐	
/	/		☐	
/	/		☐	
/	/		☐	
/	/		☐	
/	/		☐	
/	/		☐	
/	/		☐	
/	/		☐	
/	/		☐	
/	/		☐	
/	/		☐	
/	/		☐	
/	/		☐	
/	/		☐	
/	/		☐	
/	/		☐	
/	/		☐	
/	/		☐	
/	/		☐	
/	/		☐	
/	/		☐	

秦川麦收
一九六二年

	17 星期一 辛丑年·四月初六
	18 星期二·国际博物馆日 辛丑年·四月初七
	19 星期三 辛丑年·四月初八
	20 星期四 辛丑年·四月初九
	21 星期五·小满 辛丑年·四月初十
	22 星期六 辛丑年·四月十一
	23 星期日 辛丑年·四月十二

秦川麦收　叶浅予

叶浅予（1907—1995），浙江人，曾任中央美术学院国画系主任、中国画研究院副院长。擅长人物、花鸟、插图、速写，并在漫画创作上有很深的造诣。

始 Start	终 End	待办事项 To do list	√

北京的聲音
一九六四年八月 楊劍華

24 星期一 辛丑年·四月十三

25 星期二 辛丑年·四月十四

26 星期三 辛丑年·四月十五

27 星期四 辛丑年·四月十六

28 星期五 辛丑年·四月十七

29 星期六 辛丑年·四月十八

30 星期日 辛丑年·四月十九

北京的声音　杨剑华

杨剑华，1938 年生，江苏人，国家二级美术师，中国指画研究会理事。擅人物画。

始 Start	终 End	待办事项　To do list		√
/	/		□	
/	/		□	
/	/		□	
/	/		□	
/	/		□	
/	/		□	
/	/		□	
/	/		□	
/	/		□	
/	/		□	
/	/		□	
/	/		□	
/	/		□	
/	/		□	
/	/		□	
/	/		□	
/	/		□	
/	/		□	
/	/		□	
/	/		□	
/	/		□	
/	/		□	
/	/		□	

31 星期一 辛丑年·四月二十

01 星期二·儿童节 辛丑年·四月廿一

02 星期三 辛丑年·四月廿二

03 星期四 辛丑年·四月廿三

04 星期五 辛丑年·四月廿四

05 星期六·芒种 辛丑年·四月廿五

06 星期日 辛丑年·四月廿六

儿童与和平鸽　蒋兆和

蒋兆和（1904—1986），生于四川。幼从父学书，后得交徐悲鸿，任职中央大学图案系。抗战时始画水墨人物，结合西洋绘画技法，以写实水墨绘人物肖像。兼擅雕塑和油画。

始 Start	终 End	待办事项　To do list	√
/	/		
/	/		
/	/		
/	/		
/	/		
/	/		
/	/		
/	/		
/	/		
/	/		
/	/		
/	/		
/	/		
/	/		
/	/		
/	/		
/	/		
/	/		
/	/		
/	/		
/	/		
/	/		
/	/		

07 星期一 辛丑年·四月廿七

08 星期二 辛丑年·四月廿八

09 星期三 辛丑年·四月廿九

10 星期四 辛丑年·五月初一

11 星期五 辛丑年·五月初二

12 星期六 辛丑年·五月初三

13 星期日 辛丑年·五月初四

无限风光在险峰　傅抱石

傅抱石（1904—1965），原名长生、瑞麟，号抱石斋主人，生于江西南昌，曾任中国美术家协会副主席、江苏省美术家协会主席、江苏省书法印章研究会副会长。

始 Start	终 End	待办事项 To do list	√
/	/		
/	/		
/	/		
/	/		
/	/		
/	/		
/	/		
/	/		
/	/		
/	/		
/	/		
/	/		
/	/		
/	/		
/	/		
/	/		
/	/		
/	/		
/	/		
/	/		
/	/		
/	/		
/	/		

一橋飛架南北天塹變通途
毛主席詞意

14 星期一 · 端午节 辛丑年 · 五月初五

15 星期二 辛丑年 · 五月初六

16 星期三 辛丑年 · 五月初七

17 星期四 辛丑年 · 五月初八

18 星期五 辛丑年 · 五月初九

19 星期六 辛丑年 · 五月初十

20 星期日 · 父亲节 辛丑年 · 五月十一

毛主席《水调歌头 · 游泳》词意图　周怀民

周怀民（1906—1996），又名周仁，字顺根，无锡人，曾任中国国民党革命委员会监察委员、中山书画社副社长、北京画院一级美术师。擅长山水、花鸟。

始 Start	终 End	待办事项　To do list	√
/	/		
/	/		
/	/		
/	/		
/	/		
/	/		
/	/		
/	/		
/	/		
/	/		
/	/		
/	/		
/	/		
/	/		
/	/		
/	/		
/	/		
/	/		
/	/		
/	/		
/	/		
/	/		
/	/		

21 星期一·夏至 辛丑年·五月十二

22 星期二 辛丑年·五月十三

23 星期三 辛丑年·五月十四

24 星期四 辛丑年·五月十五

25 星期五 辛丑年·五月十六

26 星期六 辛丑年·五月十七

27 星期日 辛丑年·五月十八

绿蕉吐艳　关山月

关山月（1912—2000），广东人，著名国画家、教育家，岭南画派代表人物，师从高剑父，曾任中国美术家协会副主席、广州美术学院院长、广东艺术学校校长、广东画院院长。画风融汇中西，擅长山水画，兼画花鸟、人物。

始 Start	终 End	待办事项 To do list		√
/	/		☐	
/	/		☐	
/	/		☐	
/	/		☐	
/	/		☐	
/	/		☐	
/	/		☐	
/	/		☐	
/	/		☐	
/	/		☐	
/	/		☐	
/	/		☐	
/	/		☐	
/	/		☐	
/	/		☐	
/	/		☐	
/	/		☐	
/	/		☐	
/	/		☐	
/	/		☐	
/	/		☐	
/	/		☐	
/	/		☐	

申请入党
一九七四年写于河北

28 星期一 辛丑年·五月十九

29 星期二 辛丑年·五月二十

30 星期三 辛丑年·五月廿一

七月

01 星期四·建党节 辛丑年·五月廿二

02 星期五 辛丑年·五月廿三

03 星期六 辛丑年·五月廿四

04 星期日 辛丑年·五月廿五

申请入党　梁岩

梁岩，1943年生，原名梁青江，河北人，中国美术家协会会员，国家一级美术师，吉林省美术家协会中国画艺术委员会主任。擅人物肖像。

始 Start	终 End	待办事项 To do list	√

05 星期一 辛丑年·五月廿六

06 星期二 辛丑年·五月廿七

07 星期三·小暑 辛丑年·五月廿八

08 星期四 辛丑年·五月廿九

09 星期五 辛丑年·五月三十

10 星期六 辛丑年·六月初一

11 星期日 辛丑年·六月初二

荷花 潘天寿

潘天寿(1897—1971),字大颐,现代画家、教育家。曾任中国美术家协会副主席、浙江美术学院院长等职。为第一、二、三届全国人大代表,中国文联委员。

始 Start	终 End	待办事项　To do list		√
/	/		☐	
/	/		☐	
/	/		☐	
/	/		☐	
/	/		☐	
/	/		☐	
/	/		☐	
/	/		☐	
/	/		☐	
/	/		☐	
/	/		☐	
/	/		☐	
/	/		☐	
/	/		☐	
/	/		☐	
/	/		☐	
/	/		☐	
/	/		☐	
/	/		☐	
/	/		☐	
/	/		☐	
/	/		☐	
/	/		☐	

	12 星期一 辛丑年·六月初三
	13 星期二 辛丑年·六月初四
	14 星期三 辛丑年·六月初五
	15 星期四 辛丑年·六月初六
	16 星期五 辛丑年·六月初七
	17 星期六 辛丑年·六月初八
	18 星期日 辛丑年·六月初九

毛主席《菩萨蛮·大柏地》词意图　何海霞

何海霞（1908—1998），名瀛，字海霞，北京人，张大千弟子，“长安画派”代表画家之一。擅长山水，笔力浑厚。

始 Start	终 End	待办事项 To do list	√
/	/		
/	/		
/	/		
/	/		
/	/		
/	/		
/	/		
/	/		
/	/		
/	/		
/	/		
/	/		
/	/		
/	/		
/	/		
/	/		
/	/		
/	/		
/	/		
/	/		
/	/		
/	/		
/	/		

策杖登太華振衣臨絕巘
西峯從面起扶搖接雲漢
前年登華山景象有如此者
一九三八年九月追寫其意
秦仲文

19 星期一 辛丑年·六月初十

20 星期二 辛丑年·六月十一

21 星期三 辛丑年·六月十二

22 星期四·大暑 辛丑年·六月十三

23 星期五 辛丑年·六月十四

24 星期六 辛丑年·六月十五

25 星期日 辛丑年·六月十六

华山风景　秦仲文

秦仲文（1896—1974），名裕，号仲文，河北人，著名国画家、美术教育家，中国美术家协会会员，曾任北京画院画师。擅长山水，坚持以笔墨为宗的传统画法。

始 Start	终 End	待办事项 To do list		√
/	/		☐	
/	/		☐	
/	/		☐	
/	/		☐	
/	/		☐	
/	/		☐	
/	/		☐	
/	/		☐	
/	/		☐	
/	/		☐	
/	/		☐	
/	/		☐	
/	/		☐	
/	/		☐	
/	/		☐	
/	/		☐	
/	/		☐	
/	/		☐	
/	/		☐	
/	/		☐	
/	/		☐	
/	/		☐	
/	/		☐	

東方欲曉莫道
君行早踏遍青
山人未老風景這
邊獨好會昌城
外高峰顛連直
接東溟戰士指
看南粵更加鬱鬱
蔥蔥
一九六四年八月敬寫
毛主席清平樂
會昌詞意於北京
周元亮

26 星期一 辛丑年·六月十七

27 星期二 辛丑年·六月十八

28 星期三 辛丑年·六月十九

29 星期四 辛丑年·六月二十

30 星期五 辛丑年·六月廿一

31 星期六 辛丑年·六月廿二

01 星期日·建军节 辛丑年·六月廿三 八月

毛主席《清平乐·会昌》词意图　周元亮

周元亮（1904—1995），字容庵，曾任北京画院专业画家，中国美术家协会会员，国家一级美术师。

始 Start	终 End	待办事项 To do list		√
/	/		☐	
/	/		☐	
/	/		☐	
/	/		☐	
/	/		☐	
/	/		☐	
/	/		☐	
/	/		☐	
/	/		☐	
/	/		☐	
/	/		☐	
/	/		☐	
/	/		☐	
/	/		☐	
/	/		☐	
/	/		☐	
/	/		☐	
/	/		☐	
/	/		☐	
/	/		☐	
/	/		☐	
/	/		☐	
/	/		☐	

02 星期一 辛丑年·六月廿四

03 星期二 辛丑年·六月廿五

04 星期三 辛丑年·六月廿六

05 星期四 辛丑年·六月廿七

06 星期五 辛丑年·六月廿八

07 星期六·立秋 辛丑年·六月廿九

08 星期日 辛丑年·七月初一

黄洋界　谢稚柳

谢稚柳（1910—1997），名稚，字稚柳，号壮暮翁，江苏人，古书画鉴定专家，国家文物鉴定委员会委员。曾任中国美术家协会理事、上海美术家协会副主席。

始 Start	终 End	待办事项 To do list		√
/	/			
/	/			
/	/			
/	/			
/	/			
/	/			
/	/			
/	/			
/	/			
/	/			
/	/			
/	/			
/	/			
/	/			
/	/			
/	/			
/	/			
/	/			
/	/			
/	/			
/	/			
/	/			
/	/			

人民的苹果
一九七五年八月

09 星期一 辛丑年·七月初二

10 星期二 辛丑年·七月初三

11 星期三 辛丑年·七月初四

12 星期四 辛丑年·七月初五

13 星期五 辛丑年·七月初六

14 星期六·七夕 辛丑年·七月初七

15 星期日 辛丑年·七月初八

人民的苹果 唐大禧

唐大禧，1936年生，广东澄海人，擅长雕塑，曾任广州雕塑院院长。

始 Start
终 End
待办事项 To do list
√

乙卯冬月
继卣 继敏

	16 星期一 辛丑年·七月初九
	17 星期二 辛丑年·七月初十
	18 星期三 辛丑年·七月十一
	19 星期四 辛丑年·七月十二
	20 星期五 辛丑年·七月十三
	21 星期六 辛丑年·七月十四
	22 星期日 辛丑年·七月十五

女兽医　刘继卣、刘继敏

刘继卣（1918—1983），天津人，曾任中国美术家协会理事，父亲为著名画家刘奎龄。擅长人物画、花鸟画，是新中国连环画的奠基人。

刘继敏（1931—1990），天津人，画家刘奎龄之女，刘继卣之胞妹。擅长国画、连环画。

始 Start	终 End	待办事项 To do list		√

23 星期一·处暑 辛丑年·七月十六

24 星期二 辛丑年·七月十七

25 星期三 辛丑年·七月十八

26 星期四 辛丑年·七月十九

27 星期五 辛丑年·七月二十

28 星期六 辛丑年·七月廿一

29 星期日 辛丑年·七月廿二

西双版纳 吴冠中

吴冠中（1910—2010），江苏人，曾任中央工艺美术学院教授、中国美术家协会常务理事。兼擅国画与油画，为中西融合与油画民族化做出了突出贡献。

始 Start	终 End	待办事项 To do list	
/	/		
/	/		
/	/		
/	/		
/	/		
/	/		
/	/		
/	/		
/	/		
/	/		
/	/		
/	/		
/	/		
/	/		
/	/		
/	/		
/	/		
/	/		
/	/		
/	/		
/	/		
/	/		
/	/		

風雨萬方黑紅岩一幟紅似欽奮彩筆揮灑曙光中
錢松嵒畫并題句

30 星期一 辛丑年·七月廿三

31 星期二 辛丑年·七月廿四

九月

01 星期三 辛丑年·七月廿五

02 星期四 辛丑年·七月廿六

03 星期五 辛丑年·七月廿七

04 星期六 辛丑年·七月廿八

05 星期日 辛丑年·七月廿九

红岩 钱松嵒

钱松嵒（1898—1985），江苏人，曾任江苏省国画院院长、江苏省美术家协会主席、中国美术家协会常务理事。新中国成立后，其创作的革命圣地作品有着鲜明的个人特色和时代特征，《红岩》是其代表作之一。

風雨萬方黑
紅岩一幟紅
似欽奮彤筆
揮灑曙光中
錢松嵒書軒題內

始 Start	终 End	待办事项 To do list	√
/	/		
/	/		
/	/		
/	/		
/	/		
/	/		
/	/		
/	/		
/	/		
/	/		
/	/		
/	/		
/	/		
/	/		
/	/		
/	/		
/	/		
/	/		
/	/		
/	/		
/	/		
/	/		
/	/		

献给母校
長白青松
一九七三年画

06 星期一 辛丑年·七月三十

07 星期二·白露 辛丑年·八月初一

08 星期三 辛丑年·八月初二

09 星期四 辛丑年·八月初三

10 星期五·教师节 辛丑年·八月初四

11 星期六 辛丑年·八月初五

12 星期日 辛丑年·八月初六

长白青松　周思聪

始 Start	终 End	待办事项 To do list	√
/	/		
/	/		
/	/		
/	/		
/	/		
/	/		
/	/		
/	/		
/	/		
/	/		
/	/		
/	/		
/	/		
/	/		
/	/		
/	/		
/	/		
/	/		
/	/		
/	/		
/	/		
/	/		
/	/		

铁索桥畔
一九七三年

	13 星期一 辛丑年·八月初七
	14 星期二 辛丑年·八月初八
	15 星期三 辛丑年·八月初九
	16 星期四 辛丑年·八月初十
	17 星期五 辛丑年·八月十一
	18 星期六 辛丑年·八月十二
	19 星期日 辛丑年·八月十三

铁索桥畔　单应桂

单应桂，1933 年生，山东人，曾任中国美术家协会理事、山东省美术家协会副主席。擅长人物画及年画。

始 Start	终 End	待办事项 To do list	√
/	/		
/	/		
/	/		
/	/		
/	/		
/	/		
/	/		
/	/		
/	/		
/	/		
/	/		
/	/		
/	/		
/	/		
/	/		
/	/		
/	/		
/	/		
/	/		
/	/		
/	/		
/	/		
/	/		

忽报人间曾伏虎
敬写毛主席答李淑一蝶恋花词意 一九六四年 張凭于北京
人民英雄永

20 星期一 辛丑年·八月十四

21 星期二·中秋节 辛丑年·八月十五

22 星期三 辛丑年·八月十六

23 星期四·秋分 辛丑年·八月十七

24 星期五 辛丑年·八月十八

25 星期六 辛丑年·八月十九

26 星期日 辛丑年·八月二十

忽报人间曾伏虎　张凭

张凭（1934—2015），别名张有道，河南新乡人，中央美术学院教授，中国美术家协会会员。

人民英雄永

始 Start	终 End	待办事项 To do list		√
/	/		☐	
/	/		☐	
/	/		☐	
/	/		☐	
/	/		☐	
/	/		☐	
/	/		☐	
/	/		☐	
/	/		☐	
/	/		☐	
/	/		☐	
/	/		☐	
/	/		☐	
/	/		☐	
/	/		☐	
/	/		☐	
/	/		☐	
/	/		☐	
/	/		☐	
/	/		☐	
/	/		☐	
/	/		☐	
/	/		☐	

一唱雄鷄天下白
毛主席词意
吁白画于首都

27 星期一 辛丑年·八月廿一

28 星期二 辛丑年·八月廿二

29 星期三 辛丑年·八月廿三

30 星期四 辛丑年·八月廿四

十月

01 星期五·国庆节 辛丑年·八月廿五

02 星期六 辛丑年·八月廿六

03 星期日 辛丑年·八月廿七

一唱雄鸡天下白　娄师白

娄师白（1918—2010），原名娄绍怀，字亦鸣，斋号老安馆，湖南浏阳人，国家一级美术师，中国美术家协会会员，曾任中国画研究会理事、副会长。

始 Start	终 End	待办事项　To do list	√
/	/		
/	/		
/	/		
/	/		
/	/		
/	/		
/	/		
/	/		
/	/		
/	/		
/	/		
/	/		
/	/		
/	/		
/	/		
/	/		
/	/		
/	/		
/	/		
/	/		
/	/		
/	/		
/	/		

高黎贡嶺百千尋景颇人家日月新
牧童影一曲春风吹到北京城
庚子秋日嬉寫滇西风光于上海

04 星期一 辛丑年·八月廿八

05 星期二 辛丑年·八月廿九

06 星期三 辛丑年·九月初一

07 星期四 辛丑年·九月初二

08 星期五·寒露 辛丑年·九月初三

09 星期六 辛丑年·九月初四

10 星期日 辛丑年·九月初五

牧童图　程十发

程十发（1921—2007），名潼，上海人，毕业于上海美术专科学校中国画系，曾任上海画院院长。擅长人物、花鸟。

始 Start	终 End	待办事项 To do list	√

更喜岷山千里雪三军过后尽开颜
一九六四年八月敬写
主席诗句 陶一清

11 星期一 辛丑年·九月初六

12 星期二 辛丑年·九月初七

13 星期三 辛丑年·九月初八

14 星期四·重阳节 辛丑年·九月初九

15 星期五 辛丑年·九月初十

16 星期六 辛丑年·九月十一

17 星期日 辛丑年·九月十二

长征 陶一清

始 Start	终 End	待办事项　To do list		√
/	/			
/	/			
/	/			
/	/			
/	/			
/	/			
/	/			
/	/			
/	/			
/	/			
/	/			
/	/			
/	/			
/	/			
/	/			
/	/			
/	/			
/	/			
/	/			
/	/			
/	/			
/	/			
/	/			

寶成鐵路隧道

18 星期一 辛丑年·九月十三

19 星期二 辛丑年·九月十四

20 星期三 辛丑年·九月十五

21 星期四 辛丑年·九月十六

22 星期五 辛丑年·九月十七

23 星期六·霜降 辛丑年·九月十八

24 星期日 辛丑年·九月十九

宝成铁路隧道　孙克纲

孙克纲（1923—2007），天津人，师从刘子久，曾任中国美术家协会理事、天津市美术家协会副主席。擅长山水画。

始 Start	终 End	待办事项 To do list		√
/	/		☐	
/	/		☐	
/	/		☐	
/	/		☐	
/	/		☐	
/	/		☐	
/	/		☐	
/	/		☐	
/	/		☐	
/	/		☐	
/	/		☐	
/	/		☐	
/	/		☐	
/	/		☐	
/	/		☐	
/	/		☐	
/	/		☐	
/	/		☐	
/	/		☐	
/	/		☐	
/	/		☐	
/	/		☐	
/	/		☐	

載歌行

25 星期一 辛丑年·九月二十

26 星期二 辛丑年·九月廿一

27 星期三 辛丑年·九月廿二

28 星期四 辛丑年·九月廿三

29 星期五 辛丑年·九月廿四

30 星期六 辛丑年·九月廿五

31 星期日 辛丑年·九月廿六

载歌行　黄胄

黄胄（1925—1997），原名梁淦堂，字映斋，河北人，20世纪40年代从赵望云学画，曾任中国美术家协会常务理事。擅人物、动物，富收藏，精鉴赏。

始 Start	终 End	待办事项 To do list	√

2021 年　十一月 November
第 45 周
Week 45

01 星期一 辛丑年·九月廿七

02 星期二 辛丑年·九月廿八

03 星期三 辛丑年·九月廿九

04 星期四 辛丑年·九月三十

05 星期五 辛丑年·十月初一

06 星期六 辛丑年·十月初二

07 星期日·立冬 辛丑年·十月初三

毛主席《七绝·仙人洞》诗意图　李智超

李智超(1900—1978),曾用笔名白洋,河北省安新县人,中国山水画家、著名美术史评论家、中国古旧字画鉴赏家。

始 Start	终 End	待办事项 To do list		√
/	/		☐	
/	/		☐	
/	/		☐	
/	/		☐	
/	/		☐	
/	/		☐	
/	/		☐	
/	/		☐	
/	/		☐	
/	/		☐	
/	/		☐	
/	/		☐	
/	/		☐	
/	/		☐	
/	/		☐	
/	/		☐	
/	/		☐	
/	/		☐	
/	/		☐	
/	/		☐	
/	/		☐	
/	/		☐	
/	/		☐	

驕楊
懷念楊開慧烈士
湘江評論
肖玉磊畫

08 星期一 辛丑年·十月初四

09 星期二 辛丑年·十月初五

10 星期三 辛丑年·十月初六

11 星期四 辛丑年·十月初七

12 星期五 辛丑年·十月初八

13 星期六 辛丑年·十月初九

14 星期日 辛丑年·十月初十

骄杨　肖玉磊

始 Start
终 End
待办事项 To do list
√

漫天皆白雪里行军情更迫
头上高山风卷红旗过大关
此行何去赣江风雪迷漫处
命令昨颁十万工农下吉安
减字木兰花广昌路上
毛主席词意

15 星期一 辛丑年·十月十一

16 星期二 辛丑年·十月十二

17 星期三 辛丑年·十月十三

18 星期四 辛丑年·十月十四

19 星期五 辛丑年·十月十五

20 星期六 辛丑年·十月十六

21 星期日 辛丑年·十月十七

毛主席《减字木兰花·广昌路上》词意图　陆俨少

陆俨少（1909—1993），字宛若，上海人，师从冯超然。曾任上海中国画院画师、浙江画院院长、中国美术家协会理事。

始 Start	终 End	待办事项 To do list		√
/	/		☐	
/	/		☐	
/	/		☐	
/	/		☐	
/	/		☐	
/	/		☐	
/	/		☐	
/	/		☐	
/	/		☐	
/	/		☐	
/	/		☐	
/	/		☐	
/	/		☐	
/	/		☐	
/	/		☐	
/	/		☐	
/	/		☐	
/	/		☐	
/	/		☐	
/	/		☐	
/	/		☐	
/	/		☐	
/	/		☐	

22 星期一·小雪 辛丑年·十月十八

23 星期二 辛丑年·十月十九

24 星期三 辛丑年·十月二十

25 星期四 辛丑年·十月廿一

26 星期五 辛丑年·十月廿二

27 星期六 辛丑年·十月廿三

28 星期日 辛丑年·十月廿四

石河水库　王颂余

王颂余（1910—2005），原名王文绪，天津人，师从溥心畬、刘子久，曾任中国美术家协会理事、天津书法家协会副主席、天津市美术家协会常务理事。书法功力深厚，以书入画，书画融合，自成一家。

始 Start	终 End	待办事项 To do list		√
/	/		☐	
/	/		☐	
/	/		☐	
/	/		☐	
/	/		☐	
/	/		☐	
/	/		☐	
/	/		☐	
/	/		☐	
/	/		☐	
/	/		☐	
/	/		☐	
/	/		☐	
/	/		☐	
/	/		☐	
/	/		☐	
/	/		☐	
/	/		☐	
/	/		☐	
/	/		☐	
/	/		☐	
/	/		☐	
/	/		☐	

29 星期一 辛丑年·十月廿五

30 星期二 辛丑年·十月廿六

十二月

01 星期三 辛丑年·十月廿七

02 星期四 辛丑年·十月廿八

03 星期五 辛丑年·十月廿九

04 星期六 辛丑年·十一月初一

05 星期日 辛丑年·十一月初二

朱德像　蒋兆和

始 Start	终 End	待办事项 To do list	√
/	/		
/	/		
/	/		
/	/		
/	/		
/	/		
/	/		
/	/		
/	/		
/	/		
/	/		
/	/		
/	/		
/	/		
/	/		
/	/		
/	/		
/	/		
/	/		
/	/		
/	/		
/	/		
/	/		

42
風雪之夜

06 星期一 辛丑年·十一月初三

07 星期二·大雪 辛丑年·十一月初四

08 星期三 辛丑年·十一月初五

09 星期四 辛丑年·十一月初六

10 星期五 辛丑年·十一月初七

11 星期六 辛丑年·十一月初八

12 星期日 辛丑年·十一月初九

风雪之夜　汤义方

汤义方（1914—1980），名超，字超海，上海人。师从冯超然学习山水画，后又习人物画。曾任上海中国画院画师。

始 Start	终 End	待办事项 To do list	√
/	/		
/	/		
/	/		
/	/		
/	/		
/	/		
/	/		
/	/		
/	/		
/	/		
/	/		
/	/		
/	/		
/	/		
/	/		
/	/		
/	/		
/	/		
/	/		
/	/		
/	/		
/	/		
/	/		

太湖之濱
一九六四年五月寫於蘇州洞
庭東山之麓 婁江宋文治

13 星期一 辛丑年·十一月初十

14 星期二 辛丑年·十一月十一

15 星期三 辛丑年·十一月十二

16 星期四 辛丑年·十一月十三

17 星期五 辛丑年·十一月十四

18 星期六 辛丑年·十一月十五

19 星期日 辛丑年·十一月十六

太湖之滨　宋文治

宋文治（1919—1999），江苏人，国家一级美术师，曾任中国美术家协会理事。其山水画主要师从朱屺瞻、陆俨少等人，作品多以传统水墨表现新时代面貌。

始 Start　终 End　　待办事项　To do list　　√

北国风光
毛主席词意

20 星期一 辛丑年·十一月十七

21 星期二·冬至 辛丑年·十一月十八

22 星期三 辛丑年·十一月十九

23 星期四 辛丑年·十一月二十

24 星期五 辛丑年·十一月廿一

25 星期六 辛丑年·十一月廿二

26 星期日 辛丑年·十一月廿三

北国风光　吴镜汀

吴镜汀（1904—1972），原名曾熙，字镜汀，号镜湖，师从金城，中国画研究会及湖社早期成员，曾任中国美术家协会理事和书记处书记、北京画院副院长。

始 Start　终 End　　待办事项　To do list　　√

27 星期一 辛丑年·十一月廿四

28 星期二 辛丑年·十一月廿五

29 星期三 辛丑年·十一月廿六

30 星期四 辛丑年·十一月廿七

31 星期五 辛丑年·十一月廿八

二〇二二年一月

01 星期六·元旦 辛丑年·十一月廿九

02 星期日 辛丑年·十一月三十

流江滩北一奇峰　贺天健

贺天健(1891—1977),字健叟,江苏人,海上画派代表画家。曾任上海中国画院副院长、上海美术家协会副主席、中央美术学院民族美术研究所研究员。

始 Start	终 End	待办事项 To do list		√
/	/		☐	
/	/		☐	
/	/		☐	
/	/		☐	
/	/		☐	
/	/		☐	
/	/		☐	
/	/		☐	
/	/		☐	
/	/		☐	
/	/		☐	
/	/		☐	
/	/		☐	
/	/		☐	
/	/		☐	
/	/		☐	
/	/		☐	
/	/		☐	
/	/		☐	
/	/		☐	
/	/		☐	
/	/		☐	
/	/		☐	